小小牛顿 科学启蒙 —大百科—

地球 清洁队

牛顿出版股份有限公司 / 编著

宝贵的
地球家园

外语教学与研究出版社
北京

地球清洁队

 冬冬，快把球捡过来！

 来啦！

岍——球在哪里呢？

啊——你们是谁呀？

在这里做什么？

我们在打扫卫生呀！

给父母的悄悄话：

　　地球是个完整的生态系统，包括生产者（主要是绿色植物）、消费者（主要是动物）、分解者（如细菌、真菌及蚯蚓等）和非生物环境。分解者最重要的工作就是清除生产者、消费者所排放的废物和它们的尸体等，然后将这些物质转化成可供生产者再次利用的资源，释放到环境中，使地球得以保持清洁。而生产者因为需要利用这些分解后的物质，所以也负担着一部分清洁的工作。这个故事主要介绍的就是这些维护地球清洁的工作者。同时，文中也普及了一些环保小知识，请父母和孩子一起为保护地球环境出一份力。

我们是地球清洁队，专门
负责清扫果皮、落叶、枯
木等东西。

土壤清洁队：

细菌：主力清洁者，体形微小，数目庞大。
细菌可以分解果皮、落叶、枯木等垃圾。

蜣螂（qiāng láng）：俗称"屎壳郎"，
喜欢吃动物的粪便。

白蚁：最常吃枯木，可轻松地消
化不易被分解的纤维素。

蕈（xùn）类：属于真菌类，可从
土壤或腐烂的木头中吸取营养。

蚯蚓：吃泥土里的腐烂物，同时
可以把土壤翻松。

4

哇，你们这么小，却能做这么多事情呀！

我们虽然体形小，但能做的事情可多啦！

不过，我们也有大个头的队员哟！

5

你看，这是我们的空气清洁队。

大树可以帮助大家净化空气！

小草也会吗？

是呀！绿色植物大都可以使空气变得更干净。

空气清洁队：

绿色植物通过光合作用吸收空气中的二氧化碳，产出氧气，供人类及其他动植物使用。

6

水里也有我们的同伴哟！它们会把水里的脏东西清理干净。

我看到它们了！

水中清洁队：

细菌：分解动植物的尸体。微生物在水处理中主要发挥的是固着和降解两方面的作用。微生物可以将大颗粒物质吸附在其表面，还可以将有害物质分解。

鱼：部分鱼类可降低水体中的有机物含量，起到净化水质的作用。

虾、蟹：捡食沉积在淤泥中的有机物。

水草：吸收二氧化碳，经光合作用制造出氧气和养分。

9

队长，这些东西咬不破，也踢不坏！

咦，这些是塑料瓶、塑料袋、泡沫盒和铝罐！

真糟糕，这些用特殊化学材料制造的东西，我们的队员大都没办法清除！

队长，这些东西清除不掉！

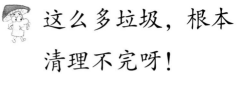

这么多垃圾，根本清理不完呀！

累死我了！

塑料瓶、泡沫盒和铝罐等，都是由特殊的化学材料制作而成的，在自然状态下，大多数清洁队员很难将它们分解，只能以人为的方式处理或者回收再利用。如果难以分解的垃圾越来越多，不仅会破坏自然环境，还会危及人类的健康。

队长，救命啊！

啊——怎么会有这么浓的毒烟啊？

螃蟹中毒了，鱼也快不行了！

大家赶快来帮忙啊！

怎么到处都有队员受伤呢？

一般垃圾会增加地球清洁队的工作量，有毒垃圾则会导致队员们的死亡。例如，当水被农药等化学物质污染，会造成鱼虾生病甚至死亡；当空气被氮氧化物、二氧化硫等污染，就会形成酸雨，危害生态系统，破坏建筑物，影响人体健康。

13

可不可以请你和你的家人、朋友帮助我们一起清洁环境呢?

当然可以!但是我们要怎么做呢?

尽量搭乘公共交通工具出行,或骑自行车、走路,减少汽车尾气的排放。

拒绝购买过度包装的玩具和零食,以免产生过多的废纸及塑料垃圾。

购物时自带购物袋。

尽可能少用一次性纸杯、一次性筷子等物品。

节约用水，随手关灯。

将塑料瓶、废纸、玻璃或金属制品回收再利用。

使用无磷洗衣粉。

无磷

15

在野外郊游时，记得把垃圾带走，不要污染水源。

吃饭时不浪费食物。

多种树。

把用不到的玩具和衣服送给有需要的小朋友。

这么简单啊！

 这些事听起来简单，做起来可不容易！如果每个人都能做到这些，我们的地球家园一定会变得更整洁、更美丽。

 好，那我现在就去告诉我的家人和朋友，让大家一起来帮忙。

 欢迎你们加入地球清洁队！

穿鞋换鞋

上学穿鞋，换鞋放学，
皮鞋拖鞋，拖鞋皮鞋，
放学换鞋，歪歪斜斜。

给父母的悄悄话：

　　这是一首很有趣的绕口令，孩子是否能区分
"学"和"鞋"的读音，并且能清楚、迅速地转换
呢？父母还可以引导孩子动动脑筋，修改歌词，如
"皮鞋"可改成"球鞋"或者"凉鞋"等。父母也可
以借此机会和孩子讨论如何摆放鞋子。

分辨熟蛋与生蛋

让阿宝哥来告诉你!

熟蛋和生蛋外表看起来一样，该怎么分辨呢？

把蛋转一转，就知道是熟蛋还是生蛋了。

20

熟蛋可以稳定地转动一小会儿。

请将蛋剥开，确认一下吧！

能稳定转动的蛋，果然是熟蛋。

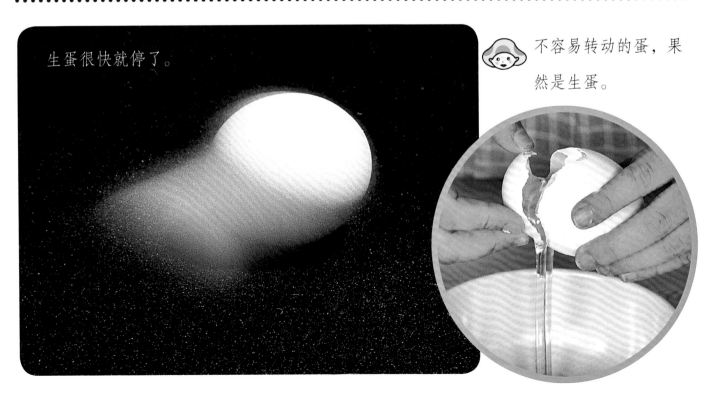

生蛋很快就停了。

不容易转动的蛋，果然是生蛋。

21

把蛋泡在茶水里，也可以分辨出生熟。

浸泡三十分钟后，一个蛋的颜色比较浅，另一个蛋的颜色比较深。到底哪一个是生蛋，哪一个是熟蛋呢？

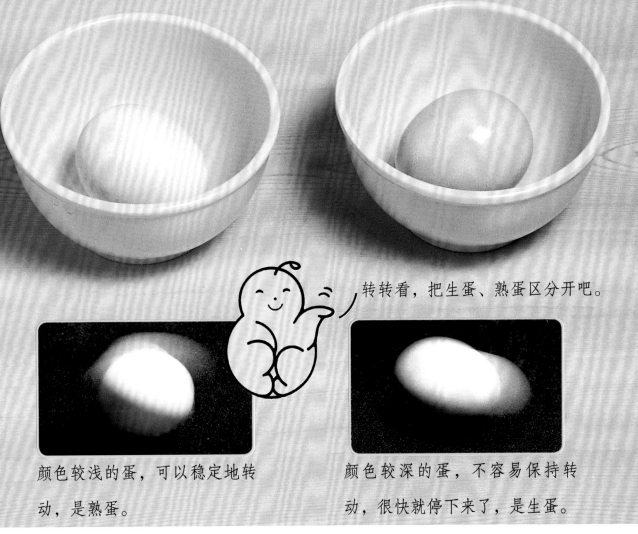

转转看，把生蛋、熟蛋区分开吧。

颜色较浅的蛋，可以稳定地转动，是熟蛋。

颜色较深的蛋，不容易保持转动，很快就停下来了，是生蛋。

给父母的悄悄话：

　　熟蛋的蛋白、蛋黄已经凝固，所以转动比较稳定。生蛋则因为里面的蛋白、蛋黄是液体，会随着蛋的转动而流动，因此转动起来不容易保持稳定。蛋壳上有气孔，气态或液态的物质可以通过气孔进出蛋壳。生鸡蛋的气孔更容易使外界物质渗入，所以在茶水中浸泡过后，生蛋壳的颜色会更深。

23

漂亮的衣服

　　今天小珍穿了一件颜色鲜艳、带着漂亮花边的衣服到学校去。小丽羡慕地对她说："小珍，你的衣服真漂亮。"

　　小珍得意地说："是我妈妈给我买的。"

"你好像公主！"阿端跑过来，想邀请小珍和他们一起玩。他跑得太快了，差点撞到小珍。小珍吓坏了，赶忙躲到一边，没让阿端碰到衣服。

　　"小珍，我们一起玩沙子。"

　　平时，小丽常常和小珍一起玩沙子，可是今天小珍却说："不行，玩沙子会把衣服弄脏，今天我不能玩。"

　　"我们小心一点，就不会弄脏啦！"

"一起去玩吧！"阿端伸出手想拉小珍。小珍着急地大喊："你别拉我，如果弄脏我的衣服就糟了！"

　　阿端难过地说："小珍，你怎么凶巴巴的！不玩就算了。"

　　小丽说："阿端，我们一起来玩沙子吧！"

　　"好呀！"阿端开心地答应了。

27

　　小丽和阿端用模具在沙堆上扣出了一个个沙土布丁，又揉了几个小圆球，放在布丁旁边，当冰激凌。他们还在布丁上面摆了一个小沙球，再插上一根小树枝，当作樱桃。

　　做好以后，阿端对其他小朋友喊："大家快来吃布丁，是樱桃布丁哟！还有美味的冰激凌！"

　　小朋友都围过来一起玩，他们边玩边说："布丁真好吃，再来一个！"大家笑得很开心，没有人再关注小珍和她漂亮的衣服。

　　一整天，小珍一直在担心她漂亮的衣服会被弄脏，所以什么游戏都不敢玩，只能默默地站在远处，看小朋友们玩。

放学回家后，爸爸一看到小珍，就对她说："哇！我的宝贝穿得真漂亮，像小公主一样！"

　　"爸爸，我明天不想去上学了，都没人跟我一起玩。"

　　"为什么？你不是很喜欢跟小丽一起玩吗？"

　　"可是，他们喜欢玩沙子，我怕把新衣服弄脏，就不敢跟他们一起玩了。"

　　"原来是这样。别担心，我有办法！"爸爸听后微笑着说。

爸爸从房间里找出了一身干净的旧衣服，让小珍换上，然后对她说："明天就穿这一身衣服去上学，想玩什么就玩什么，别担心弄脏衣服。"

"可是，这样就不能穿漂亮的新衣服了。"小珍还是觉得有点遗憾。

"星期天，爸爸带你去动物园玩，你就可以穿漂亮的新衣服了，不用担心弄脏！"

"哈哈，爸爸真聪明。我爱你，爸爸！"

给父母的悄悄话：

"爱美之心，人皆有之。"孩子开始注重自己的穿着打扮，恰恰说明他们在成长。此时，家长不要责备孩子，而要注意引导孩子，如不同的场合有不同的穿着规范，不要攀比。平时，穿舒适、便于活动的衣服，孩子会玩得更自在！

菱角

　　每到秋天，菱角就会作为一种独特的美食被许多家庭端上餐桌。煮好的菱角热气腾腾，黑黑的硬外皮包着白白的肉，吃起来香香甜甜的，大家都很喜欢。

由硬皮包裹着的白白的部分是菱角种子的子叶，为种子发芽提供所需的养分。

子叶

吃菱角的方法：

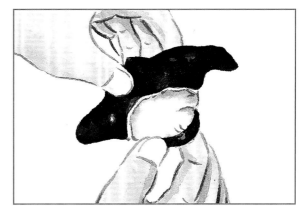

① 如果菱角的外皮已被割开，只要沿着裂口剥开外皮，再将两边的角向外折，白色可食用的部分就会露出来了。

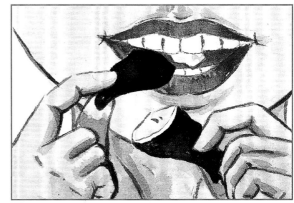

② 如果外皮没有被割开，就得先将菱角分成两半，再将白色可食用的部分挤出来吃。

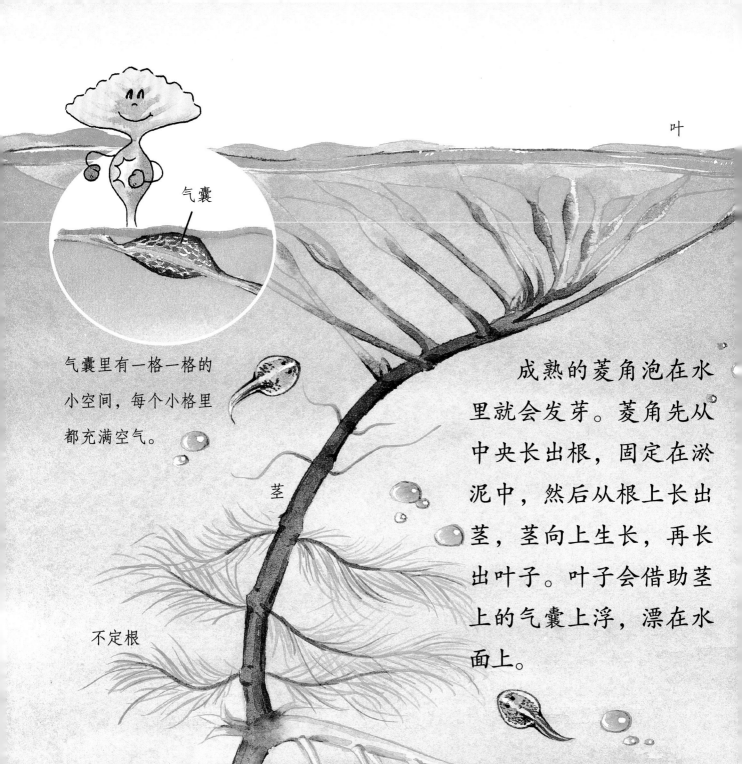

气囊

叶

气囊里有一格一格的
小空间，每个小格里
都充满空气。

茎

不定根

成熟的菱角泡在水
里就会发芽。菱角先从
中央长出根，固定在淤
泥中，然后从根上长出
茎，茎向上生长，再长
出叶子。叶子会借助茎
上的气囊上浮，漂在水
面上。

根

菱角怎么发芽呢?

① 从正中间长出根。

根

茎　根

② 从根上分化出茎。

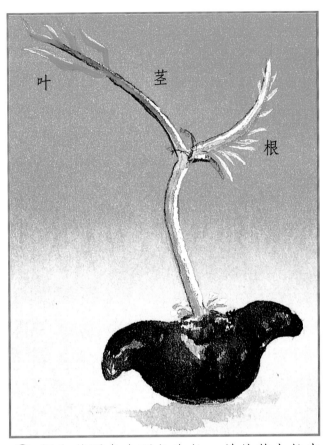
叶　茎　根

③ 根和茎再各自延长生长,并从茎上长出叶子。

菱角生长在水中,水面低,植株长得就矮;水面高,植株就长得高。

菱角开花时，花开在水面上，等着昆虫来帮它们授粉，授粉后，就会长出小菱角。

① 菱角花凋谢后，小菱角就会长出来，此时还看不出明确的形状。

② 小菱角慢慢长出尖角，变成我们熟悉的形状。

③ 最后，小菱角就长成了绿色的大菱角。

当菱角由绿色变成紫红色时，就表示它成熟了。把摘下来的菱角放进水里煮，煮熟后，就可以吃了。

给父母的悄悄话：

平常我们吃菱角时，很少会想到它的来历和生长环境。菱角是水生植物，就像荷花一样，需要依水而生。菱角主要生长于淡水中，大多夏季开花，秋季果实成熟。下次吃菱角的时候，父母记得和孩子分享一下这些有趣的小知识，引导孩子养成多观察、多思考的好习惯。

为什么感冒会流鼻涕

平时，我们的鼻子会不断分泌黏液。这些黏液就是鼻涕。

鼻子里有纤毛。感冒的时候，鼻纤毛摆动频率降低。鼻子为了扫除病毒和细菌，会大量分泌黏液，所以鼻涕就会不停地流出来。

豆娘

豆娘和蜻蜓

豆娘和蜻蜓看起来很相似，其实只要仔细观察，就很容易区分。首先，豆娘的体形比蜻蜓纤细。其次，我们还可以从它们停下来时的姿势进行辨别。蜻蜓停下来时，翅膀平展在身体两侧，而豆娘停下来时，翅膀则合起来立在背上，二者非常容易区分。

蜻蜓